Préface de DANIEL BERTHELOT
Membre de l'Académie de Médecine

LES EXPLOSIFS ACTUELS

"ÉDITIONS & LIBRAIRIE"
40, rue de Seine, 40
PARIS

1 fr. 25

LES EXPLOSIFS ACTUELS

TH. GUILBAUD

INGÉNIEUR

LES EXPLOSIFS ACTUELS

PRÉFACE

DE

DANIEL BERTHELOT

Membre de l'Académie de Médecine

PARIS

"ÉDITIONS & LIBRAIRIE"

40, rue de Seine, 40

AVANT-PROPOS

On sait le rôle de l'artillerie dans la guerre moderne. Tous les techniciens l'avaient prévu, mais les limites de leurs prévisions ont été dépassées, et de beaucoup, par les faits. On ne croyait pas à une guerre de si longue durée non plus qu'à un front si étendu ; on n'avait pas envisagé cette guerre de tranchées telle qu'on la pratique. On conçoit facilement l'énorme dépense de munitions qu'entraînent les opérations. C'est par centaines de tonnes qu'il faut évaluer la consommation journalière des explosifs pour chacun des belligérants.

C'est donc un problème d'une importance primordiale que celui de leur fabrication ; des canons sans poudres sont des corps sans vie, encombrants et inutiles.

Dans cette étude nous nous sommes proposé de faire connaître, autant qu'il est permis, et pour des raisons qu'il est inutile de préciser, les poudres et explosifs de guerre, leur histoire, leur fabrication et leur emploi.

PRÉFACE

L'effroyable conflagration déchaînée sur le monde par l'ambition exaspérée de l'Allemagne nous fait assister à une guerre sans précédent dans l'histoire : guerre d'hommes, guerre de matériel, qui dépasse en grandeur et en horreur les rêves des imaginations les plus audacieuses. Des millions de combattants se heurtent depuis deux ans sur des fronts de plusieurs centaines de kilomètres ; des avalanches de fer, des déluges de feu, s'abattent sans trêve sur les moindres recoins du champ de bataille.

De toutes parts, dans la Presse comme au Parlement, retentit comme un coup de clairon, le cri d'appel à la fabrication intensive : « Des canons ! des munitions ! des explosifs ! »

Ces tragiques événements ont mis au premier plan de l'actualité des études techniques qui jadis n'intéressaient que les spécialistes. C'est pour répondre à la légitime curiosité du public que M. Guilbaud a rédigé le présent opuscule, où l'on trouvera une description très claire et très méthodique des principaux explosifs en usage à l'heure actuelle.

2

Le sujet a tenté déjà la plume de plus d'un vulgarisateur. Maintes revues ont publié d'intéressants articles à l'usage des profanes. Le dirai-je? Trop souvent on se trouve en face d'une compilation hâtive, dont l'auteur, loin de dominer son sujet, en est l'esclave. Bien rares sont ceux en effet qui ont eu l'occasion d'acquérir de la fabrication des explosifs cette connaissance directe à laquelle ne peuvent suppléer les plus consciencieuses lectures.

L'auteur du présent livre est un spécialiste de la matière. Il a préparé personnellement les principales variétés d'explosifs modernes. Il connaît les difficultés de la fabrication, les précautions de la conservation. Lui-même y a apporté d'utiles perfectionnements. Et certes il se garderait de rien révéler qui pût mettre sur la trace de secrets précieux qui doivent être jalousement gardés pour la défense nationale ; mais, sous sa discrétion volontaire, on sent l'informateur précis et sûr de lui-même qui ne laisse échapper ni une assertion douteuse, ni un renseignement aventuré.

La découverte des matières explosives a été le fruit du lent empirisme des siècles passés. L'emploi des matières incendiaires, bitume, poix, résine, était fréquent au moyen âge ; leur réunion constituait le feu grégeois qui, du quatrième au quatorzième siècle de notre ère, jouit d'une grande vogue. Un hasard heureux y fit joindre le salpêtre dont on reconnut les propriétés fusantes. Ainsi on passa par une transition graduelle des corps incendiaires aux corps explosifs.

Leur usage fut d'abord limité aux fusées et aux pétards. Puis on eut l'idée de les employer dans les pots à feu du moyen âge, ancêtres de nos modernes canons. Comme il est arrivé pour presque toutes les inventions nouvelles, on commença par s'en servir d'une manière limitée et timide. Rares sont ceux qui savent voir large et loin ! Dans les premières batailles, les hommes pourvus d'armes à feu n'avaient pour rôle que d'amorcer le combat, et cédaient presque aussitôt la place aux soldats pourvus de lances et de piques. Mais peu à peu, l'emploi du mousquet se généralisa et fit tomber au second plan celui des armes blanches. Les pots à feu devenaient bombardes, puis canons ; l'artillerie prenait une importance croissante.

Cependant, jusque vers le milieu du dix-neuvième siècle, on n'employait guère qu'un seul explosif, la vieille poudre noire. Amenée à un haut degré de perfection par une élaboration progressive, elle suffisait à tous les usages. La poudre de guerre, la poudre de mine, la poudre de chasse différaient seulement par les proportions de matières actives (charbon, soufre et salpêtre). Dans la guerre franco allemande de 1870-71, la poudre noire était encore seule usitée.

Et certes elle avait de précieuses qualités. Sous le rapport de la régularité de combustion, comme sous celui de la sécurité de conservation, elle ne laissait rien à désirer. Il existe aux Invalides des lots de poudre noire datant de Louis XIV qui sont encore en bon état.

Mais vers le milieu du dix-neuvième siècle, les progrès de la chimie organique avaient ouvert des horizons nouveaux. L'explosion de la poudre n'est en définitive qu'une combustion très accélérée, dans laquelle le salpêtre ou nitrate de potasse joue le rôle de magasin d'oxygène, offrant au corps combustible le moyen de brûler sans le concours de l'air atmosphérique. Les corps organiques nous permettent d'introduire le nitrate non plus à l'état de sel mélangé à la matière organique, mais à l'état de constituant intime de la molécule. De là leur supériorité.

La poudre noire était employée indistinctement à toutes fins. Elle servait aussi bien à propulser la balle ou l'obus dans l'âme du fusil ou du canon, qu'à remplir l'intérieur des boulets et à les faire éclater une fois arrivés à destination.

Les explosifs organiques ont permis de réaliser la division du travail; les uns, relativement lents et progressifs, sont particulièrement adaptés au tir ; les autres, vifs et brusques, brisent en menus fragments tous les récipients dans lesquels on les enferme. Ainsi se sont créées les deux grandes catégories d'explosifs modernes : les explosifs balistiques et les explosifs brisants.

Dans le premier groupe il convient de citer surtout la nitroglycérine et l'acide picrique.

Additionnée de quantités variables de substances inertes destinées à atténuer sa sensibilité au choc, la nitroglycérine prend le nom de dynamite : elle a rendu d'inappréciables services à la grande industrie moderne, pour faire sauter les roches, creuser les carrières, perforer les tunnels.

Le second représentant de ce groupe est l'acide picrique ou trinitrophénol, que peuvent remplacer les corps analogues tels que le trinitrocrésol. Sous les noms de mélinite, de lyddite, de crésilite, ils fournissent la charge de ces obus de rupture, qui, employés pour la première fois dans les célèbres expériences de la Malmaison, amenèrent, vers 1887, une véritable révolution dans la construction des forteresses. On remplaça les massifs bétonnés, dont la protection était devenue insuffisante, par des coupoles cuirassées aplaties. Mais la grosse artillerie lourde des Autrichiens et des Allemands a rendu ce perfectionnement illusoire. La chute rapide des forts cuirassés de Liége et de Namur au début de la campagne de 1914, fut une surprise pour tous. Toutefois, il faut bien remarquer que ce n'est pas l'emploi d'un nouvel explosif qui a accru l'efficacité des canons allemands, mais bien l'augmentation de volume des obus et par suite de leur charge explosive. Sur ce point, comme sur les autres, nous n'avons plus rien à envier aujourd'hui à nos ennemis.

Le riche arsenal de la chimie organique n'a pas seulement fourni des explosifs brisants d'une efficacité foudroyante; il a permis à la France de posséder, la première entre les nations, un explosif de tir incomparablement supérieur à la poudre noire.

De 1833 à 1846, les chimistes Braconnot, Pelouze, Schoenbein inventaient ou perfectionnaient la cellulose nitrée, qui, sous le nom de coton-poudre, a pris un rôle prépondérant à la guerre. Bien que sa grande efficacité eût été reconnue de bonne heure, son instabilité, sa sensibilité au choc donnèrent lieu à des accidents retentissants. Successivement on voyait sauter les poudreries de Faversham (1847) en Angleterre, du Bouchet et de Vincennes (1848) en France, de Simering et de Wiener-Neustadt (1865) en Autriche. Si bien que la nouvelle poudre fut abandonnée par tout le monde.

Cependant à la suite de la guerre de 1870-71, le grand maître de la chimie moderne, Marcellin Berthelot, qui avait présidé dans Paris assiégé à la fabrication de la dynamite, et avait été appelé à diriger les recherches de la Commission des substances explosives, reconnaissait par ses études thermochimiques la supériorité énergétique des explosifs nitro-organiques. Sous son impulsion, de nombreuses recherches méthodiquement poursuivies avec la collaboration de spécialistes de premier ordre, tels que

Castan, Sébert, Hugoniot, Sarrau, Vieille, elucidaient toutes les inconnues du problème. Enfin l'un des plus habiles d'entre eux Vieille, réussissait, au moyen de la gélatinisation, à discipliner la redoutable énergie du coton-poudre.

La poudre B était trouvée. Elle a servi de prototype à toutes les poudres modernes sans fumée. La sensibilité de celle-ci est si bien endormie qu'on peut les scier, les raboter, les écraser à coups de marteau, sans risquer de les voir exploser.

Rien de plus curieux que leur aspect ; rien qui soit plus loin de l'image qu'évoque le vieux nom de poudre. Au lieu d'une matière divisée, pulvérulente, on a en face de soi des bâtons ou des cylindres qui par leur couleur et leur consistance rappellent la colle à bouche ou le sucre d'orge. Des amorces spéciales sont nécessaires pour les faire détoner.

C'est l'ensemble de ces corps que le lecteur trouvera décrits dans un style clair et concis dans le livre de M. Guilbaud : il sera pour eux un guide aussi sûr que précieux.

DANIEL BERTHELOT,
Membre de l'Académie de Médecine.

Les Explosifs actuels

HISTORIQUE

C'est vers 1410 seulement qu'on retrouve, dans un traité sur la poudre intitulé *Feuerwerksbuch*, et que l'on attribue à un maître canonnier du nom d'Abraham von Menomnigen, la fameuse histoire de Berthold Schwartz qui, essayant de fabriquer une couleur d'or, inventa la poudre à canon et les canons. On ne crut pas tout d'abord à l'avenir de la poudre. En 1580, dans ses *Essais*, Michel Eyquem de Montaigne dit : « Sauf l'étonnement des aureilles, a quoy désormais chacun est apprivoisé, je crois que c'est une arme de fort peu d'effect et espère que nous en quittons un jour l'usage. »

La poudre noire n'a guère varié de composition jusqu'à la Révolution. C'était toujours la fameuse formule « as, as, six » qui dirigeait les poudriers. Une partie de charbon, une partie de soufre et six de salpêtre : tels étaient les constituants de la poudre. Sous la Révolution, on essaya de nouveaux explosifs, entre autres les poudres chloratées de Berthollet qui n'ont pas prévalu contre la poudre noire. Mais avec le dix-neuvième siècle, si les poudres noires subsistent toujours, une ère nouvelle commence avec les progrès de la chimie organique.

En 1833, Braconnot découvrit qu'en attaquant l'amidon ou les fibres ligneuses par l'acide nitrique, on obtenait un produit très inflammable auquel il donna le nom de xyloïdine. En 1838, Pelouze reconnaît dans la xyloïdine un éther nitrique de la cellulose.

C'est en 1846 que le chimiste suisse Schoenbein eut l'idée d'employer la nitrocellulose comme explosif. Son rapport parut le 11 mars 1846. La même année, en décembre, un élève de Pelouze, Louis Ménard, découvrit que la nitrocellulose était soluble dans un mélange d'éther et d'alcool.

« La Commission française du Pyroxyle » en 1847, expérimenta les nitrocelluloses sous forme *de bourre, filées, tissées, réduites en poudre, agglomérées avec de la dextrine, enfin granulées comme la poudre noire* (1). Les essais ne donnèrent pas de résultats satisfaisants et l'on ne parla plus du coton-poudre.

En 1846, un chimiste italien, Sobrero, élève de Pelouze comme Louis Ménard, découvrit la nitroglycérine.

Toutes ces découvertes furent sans application pendant près de vingt ans.

En 1865, Abel, chimiste anglais, fit breveter la fabrication de grains de poudre qu'il obtenait en ajoutant à un mélange de fulmicoton et d'eau un peu de gomme arabique.

La même année, il proposa de mélanger le fulmicoton insoluble au fulmicoton soluble, ce dernier jouant le rôle de liant par un traitement à l'esprit de bois, à l'alcool et à l'éther ou avec des mélanges de ces liquides.

Deux ans plus tard, en 1867, Nobel donna une application à la nitroglycérine en inventant la dynamite.

En 1869, le général Brugère, alors lieutenant à Grenoble, proposa de remplacer les poudres noires par un mélange

---

(1) Note sur la Pyroxyline ou coton-poudre, par M. SUZANNE. *Mémoires de l'Académie impériale de Metz* (1855).

en parties égales de picrate d'ammoniaque et de salpêtre. Son idée n'eut qu'un médiocre succès.

A partir de ce moment, les recherches deviennent de plus en plus fructueuses.

En 1882, M. Walter F. Reid fit breveter un procédé d'agglomération des grains de nitrocellulose et de durcissement de ces grains par traitement au mélange éther-alcool, solvant découvert par Louis Ménard en 1846.

En 1887, Turpin poursuivant une autre idée, découvre les propriétés brisantes de l'acide picrique et ses travaux le conduisent à la mélinite.

En 1886, M. Vieille, ingénieur français, trouva le moyen de gélatiniser soigneusement la nitrocellulose. Il en fit des rubans, de petits losanges : c'était la poudre B (1).

L'année d'après, Nobel fit breveter sa balistite, poudre à la nitroglycérine et à la nitrocellulose.

A partir de ce jour, la science avait doté le monde des nouveaux explosifs et si la forme a varié, la composition générale est restée à peu près la même.

Nous avons omis de parler, dans l'ordre chronologique, des compositions détonantes, dites d'amorce, qui jouissant de caractères spéciaux forment une catégorie à part.

C'est en 1800, qu'Howard découvrit le fulminate de mercure. Quinze ans plus tard, J. Egg fabriqua la première capsule. En 1900, Bielefeldt réduisit les quantités du fulminate nécessaires au détonateur en plaçant une petite quantité de fulminate sur du nitrotoluène. La majeure partie des détonateurs allemands est ainsi faite. On a proposé, en 1908, de remplacer le fulminate de mercure par l'azoture de plomb (Az^3 $2Pb$), qui en possède les propriétés et coûte moins cher.

(1) La poudre B, à l'origine, fut nommée poudre V, initiale du nom de son inventeur. Plus tard on l'appela poudre B; d'aucuns prétendent que c'est parce qu'elle fut adoptée sous le ministère Boulanger. D'autres attribuent son nom à sa couleur blanche : B, en opposition à la poudre noire.

GÉNÉRALITÉS

On appelle explosif tout corps ou mélange de corps susceptible de se transformer sous l'influence d'un agent extérieur, en donnant lieu à un rapide dégagement d'un grand volume de gaz à haute température.

Cette définition exclut de l'appellation les réactions chimiques qui tout en produisant certains effets des explosifs, n'en ont pas les caractéristiques. Entre autres exemples nous citerons les mélanges oxygène et hydrogène, chlore et hydrogène.

On conçoit que tous les explosifs, corps ou mélange, n'aient pas les mêmes propriétés. On les distinguera par la rapidité de leur transformation, le genre de l'excitateur capable d'amorcer cette transformation, les quantités de de gaz produits et leurs températures.

La connaissance des explosifs comportera donc la détermination de toutes les caractéristiques théoriques et pratiques qui permettent de fixer les conditions de fabrication et d'emploi.

Dans le cadre des caractéristiques théoriques, on devra envisager d'abord l'étude de la réaction chimique, celle des quantités de chaleur dégagée de travail initial, de pression et de vitesse de décomposition.

La détermination des caractéristiques pratiques comportera les études de l'effet utile, de la sécurité et de la fabrication industrielle.

La science des explosifs est, on le voit, des plus complexes. Nous laisserons de côté tout ce qui serait fastidieux pour un lecteur non averti ; nous nous bornerons à poser quelques principes, à indiquer les grandes règles qui régissent la fabrication et l'emploi, sans entrer dans les détails techniques.

DIVERSES SORTES D'EXPLOSIFS

Pratiquement on divise les explosifs en deux grandes catégories suivant leur utilisation. Les explosifs qui servent à détruire, à briser, ceux qu'emporte en lui l'obus et qui assurent ses effets en produisant son éclatement, sont dits explosifs brisants. Ceux qui servent à la propulsion des projectiles sont les explosifs balistiques. Cette classification répond assez bien à celle qu'on peut faire en prenant comme caractéristique, la vitesse de décomposition.

Les explosifs brisants se décomposent avec une rapidité telle que l'élasticité des corps n'a pas le temps d'agir. Cette rapidité est tellement élevée, qu'il semble que la résistance des métaux, des pierres, leur est plus facile à vaincre que la pression atmosphérique. Témoin l'utilisation qu'on en fait dans l'exploitation des carrières à la main. On creuse un trou dans la pierre au fond duquel on loge une charge d'explosif. On bouche le trou avec du sable à peine tassé. On provoque la détonation, la pierre vole en éclats.

Cette action est vraiment déconcertante : il semblerait qu'il fût plus facile aux gaz de se frayer un passage en débouchant le trou au lieu de briser la pierre qui leur offre une bien plus grande résistance. Le fait est, qu'entre l'une et l'autre des résistances, il ne peut y avoir de différence étant donné la vitesse avec laquelle les explosifs brisants se décomposent.

De telles propriétés seront précieuses, quand il s'agira de faire sauter des rochers, de détruire des ouvrages d'art, de faire éclater les obus, mais ne sauraient être utilisées dans les fusils ou les canons. Les explosifs brisants feraient voler l'arme en éclats plutôt que de vaincre la force d'inertie du projectile.

Les explosifs dont la vitesse de décomposition relativement modérée a l'allure d'une combustion ou déflagration, seront ceux qui, seuls, conviendront pour l'usage balistique. Ces explosifs brûlent d'abord lentement, produisant une certaine quantité de gaz qui mettent l'obus en mouvement. Avec la chaleur, la vitesse de combustion augmente, et la quantité de gaz qui devient considérable augmente, avec elle progressivement, la vitesse du mouvement du projectile. Finalement, quand celui-ci quitte l'âme de l'arme, sa vitesse constamment accélérée atteint son maximum. Cette qualité des explosifs balistiques est appelée progressivité.

La condition nécessaire de la qualité d'explosif est la combustion.

Dans tout explosif mélangé, ou corps chimiquement défini, on retrouvera toujours le comburant, l'oxygène et un ou plusieurs combustibles.

La poudre noire réalise le prototype des explosifs.

Le nitrate de potasse No^3K apporte le comburant ; le charbon et le soufre, les combustibles.

Pour réaliser un explosif, on a cherché les corps riches en oxygène dont l'état d'équilibre permettait de libérer facilement ce gaz, de façon à lui permettre une rapide oxydation des combustibles sans le secours de l'oxygène de l'air atmosphérique. Les composés minéraux jouissant de cette propriété sont assez nombreux.

Le premier qu'on eut l'idée d'employer, fut le salpêtre (1) ou nitrate de potasse.

C'est encore ce corps qui est resté la source d'énergie des explosifs modernes comme on le verra plus loin.

Parmi les explosifs à base de nitrate, le plus important est la poudre noire.

---

(1) Ce qui valut aux services poudriers créés en l'an V, la dénomination de « Service des Poudres et Salpêtres », appellation aujourd'hui réduite à celle de « Service des Poudres ».

Les chlorates et perchlorates étant des sels très riches en oxygène, on les a fait entrer dans la composition de certains explosifs. Les premiers du genre sont les poudres Berthollet.

Tous ces explosifs sont par leur essence brisants. On a dû chercher le moyen de les rendre utilisables dans une arme sans risque d'éclatement.

La brisance est fonction de la vitesse de combustion. Le problème consistait donc à ralentir la vitesse de combustion. On y est arrivé en partie, et pour la poudre noire seulement, en faisant varier la grosseur des grains. Quant aux autres explosifs à base de composés minéraux, leur brisance n'a pu être vaincue.

En outre pour que la combustion soit utile, il faut que le mélange soit parfaitement homogène, que le comburant et le combustible, se pénètrent pour ainsi dire, molécule à molécule : ce qui est impossible à réaliser malgré tous les perfectionnements de la fabrication.

Les progrès de la chimie organique, dans la dernière moitié du siècle dernier, nous ont appris qu'il existe des corps chimiques définis qui réalisent par eux-mêmes les qualités d'un explosif. Le comburant (oxygène) et le combustible (carbone) y sont combinés dans un état d'instabilité telle qu'un agent extérieur peut amener la combustion.

Le véhicule qui sert à porter l'oxygène sur le combustible est l'acide nitrique. Ces explosifs sont des dérivés nitrés de corps organiques riches en carbone que l'on désigne sous le nom générique de carbures.

Il y a deux sortes de carbures : les carbures de la série grasse ou acyclique et les carbures de la série aromatique ou cyclique.

Il ne m'appartient pas ici de différencier ces carbures.

Parmi les dérivés nitrés des carbures de la série grasse, nous avons la nitroglycérine et la nitrocellulose.

La série aromatique est plus riche en dérivés nitrés utilisables, on y distingue : la nitrobenzine, la nitronaphtaline, le nitrotoluène (tolite ou trotyl), l'acide picrique, (mélinite, lyddite, shimose) et la crésylite.

COMPOSITION ET FABRICATION
DES DIVERS EXPLOSIFS

EXPLOSIFS A BASE DE COMPOSÉS MINÉRAUX

POUDRE NOIRE

La fabrication de cette poudre est trop connue pour que nous nous y arrêtions.

Les poudres noires ne sont plus guère employées par la guerre que comme appoint d'allumage des poudres sans fumée et au chargement des obus à balles à charge arrière.

POUDRES CHLORATÉES

Quand Berthollet eut découvert les propriétés explosives du chlorate de potasse, il tenta de le substituer au nitrate ; mais ces essais faillirent lui coûter la vie.

On a cherché depuis, des poudres chloratées présentant les garanties nécessaires de sécurité.

Les asphaline, britainite, éruptite, sodalite et les strectite ou cheddite sont des explosifs à base de chlorates.

Ces explosifs sont insensibles au choc, ininflammables et instables.

Les cheddites sont autorisées en France et fabriquées par l'État à la Poudrerie de Vonges.

Elles sont constituées essentiellement par un mélange fait à chaud, de chlorate de potasse finement pulvérisé et d'une solution chaude dans une huile grasse d'un ou plusieurs dérivés nitrés.

Les propriétés de ces explosifs sont dues à l'enrobement par la solution grasse des particules de chlorate qui est ainsi insensibilisé.

Voici quelques formules de cheddites :

$$
1 \begin{cases} \text{Nitronaphtaline} & \text{12 p. 100} \\ \text{Huile de ricin} & \text{8 —} \\ \text{Chlorate de potasse} & \text{80 —} \end{cases}
$$

$$
2 \begin{cases} \text{Nitronaphtaline} & \text{12 —} \\ \text{Huile de ricin} & \text{6 —} \\ \text{Acide picrique} & \text{2 —} \\ \text{Chlorate de potasse} & \text{80 —} \end{cases}
$$

On y fait également entrer du binitrotoluène.

EXPLOSIFS A BASE DE PICRATES

Les sels de l'acide picrique, dont nous parlerons plus loin à propos de la mélinite, sont susceptibles de détoner avec une extrême violence.

On a essayé d'un mélange de picrate et de chlorate de potasse, mais l'emploi d'un tel explosif est si dangereux qu'on a dû l'abandonner. Le frottement suffit pour le faire détoner.

Le picrate d'ammoniaque est seul utilisable. Il fond et brûle sans détoner, il est pour ainsi dire insensible au choc. Mélangé au nitrate de potasse il donne la poudre Brugère qui a été essayée en 1873. Son hygroscopocité, élément par trop gênant, l'a fait abandonner. Convenablement modifiée, cette poudre eût pu faire un bon explosif pour le chargement des projectiles.

EXPLOSIFS A BASE DE COMPOSÉS ORGANIQUES

LE COTON-POUDRE

La cellulose est un hydrate de carbone que l'on retrouve partout dans le monde végétal. Elle est la base constituante des tissus des plantes. Sa formule, en supposant le degré de polymérisation égal à 4, s'écrira :

$$\left[C^6 H^2 O)^5 \right]^{N\,=\,4} = C^{24}H^{40}O^{20}$$

C'est de cellulose que sont constituées les fibres de lin, de chanvre, de coton.

Le bois est de la cellulose mêlée de diverses matières incrustantes qui lui donnent sa consistance,

La fibre de coton offre cette particularité qu'elle est constituée de cellulose presque pure.

La cellulose présente de grandes analogies chimiques avec les sucres; d'ailleurs, par hydrolyse, elle se transforme en mannose, sucre isomère du glucose. Comme le glucose, la cellulose possède plusieurs fonctions alcooliques susceptibles d'éthérification.

L'éthérification est le phénomène qui se produit quand un alcool s'unit avec un acide par élimination d'eau.

La nitrocellulose ou coton-poudre est un éther nitrique de la cellulose.

On admet que le degré de polymérisation de la cellulose est au moins égal à 4, ce qui suppose 12 éthers nitriques, chaque degré en donnant 3.

En fait il n'a jamais été possible d'isoler les 12 nitrocelluloses théoriques et chacune de celles qu'on a caractérisées contient toujours quelque proportion des autres.

Les diverses sortes de nitrocelluloses connues sont ainsi caractérisées par leur teneur en azote.

		Teneur en azote exprimés en cm³ de NO	
Nitrocellulose	endécanitrique	214	} Coton poudre insoluble dans l'éther à 56°
	décanitrique	203	
	ennéanitrique	190	} Coton collodion soluble dans l'éther à 56°
	octonitrique	177	
	peptanitrique	162	} Coton friable insoluble dans l'éther à 56° sans emploi
	hexanitrique	146	
	pentanitrique	128	
	tétranitrique	108	

Les nitrocelluloses comprises entre 200 et 215 de NO sont appelées CP_1; celles comprises entre 190 et 200 sont dites CP_2.

Le CP_1 insoluble s'emploie seul comme explosif brisant; incorporé dans le CP_2 soluble, il donne la poudre B.

Les longues fibres de coton étant employées en filatures, on se sert, dans la fabrication du coton-poudre, de deux déchets de l'industrie cotonnière.

Quand les longues fibres ont été cueillies, il reste sur la graine des fibres courtes dites « linters ». Ces fibres convenablement dégraissées et blanchies donnent une cellulose hydrophile facile à nitrer. Les filatures de coton livrent également leurs déchets dits « bouts fins »; mais les nœuds et enchevêtrements de ce coton filé empêchent d'obtenir des produits homogènes.

L'acide sulfurique qui sert dans les bains de nitration doit avoir au moins 92,75 % de monohydrate de façon à permettre une concentration suffisante des bains. L'acide nitrique doit avoir au moins 85,5 % de monohydrate. Les bains de nitration ayant servi sont ramenés à la concentration normale à l'aide d'oléum ayant de 20 à 70 % d'anhydride.

Matières premières. — Coton. — Acides.

Préparation du coton. — Les linters, après blanchiment, contiennent encore une certaine quantité de matières étrangères telles qu'écorce de graines dont il faut les débarrasser. Cette opération est faite par des ouvrières : c'est le triage. Les linters sont ensuite passés dans une sorte de carde dite ouvreuse qui les débarrasse de l'ouate et effiloche les pelotes de façon à assurer une meilleure absorption du bain nitrant. Les linters, au sortir de la carde, contiennent de 6 à 12 p. 100 d'humidité ; pour éviter l'échauffement et la dilution du bain de nitration, il est nécessaire de les sécher. On se servait autrefois de cylindres sécheurs : l'opération demandait huit heures environ ; aujourd'hui ce procédé est totalement abandonné. On se sert des séchoirs Pétri. Dans ces appareils, le coton progresse sur des claies pendant qu'un courant d'air chauffé à 100° entraîne la vapeur d'eau. Au sortir du séchoir, alors qu'il ne contient plus que 0,6 à 1 p. 100 d'humidité, le coton est recueilli dans des étouffoirs ou dans des sacs en toile caoutchoutée qui le maintiendront sec jusqu'à son emploi. Le coton étant relativement très hygroscopique, il ne devra pas séjourner plus de une heure ou deux dans les étouffoirs ou sacs, car après ce temps-là, la quantité d'humidité reprise serait telle qu'il faudrait le repasser dans les séchoirs.

Les acides nitriques et sulfuriques contenus dans des réservoirs en tôle d'acier épaisse, sont amenés par de l'air comprimé dans des bacs fermés où s'opère le mélange convenable suivant que l'on veut obtenir du CP_1 ou du CP_2 (1). De là, l'air comprimé le chasse dans des réchauffeurs d'où il se déverse dans les ateliers de nitration à la température convenable (28° C).

Trois procédés de nitration peuvent être employés : le procédé en auge, le procédé par centrifugeuse, le procédé Thompson.

Procédé en auge. — Ce procédé, autrefois universelle-

____

(1) La composition des bains nitrants est la suivante :

Bain pour CP_1	65,5 °/₀ SO_4H_2	22,5 °/₀ NO_3H	12 °/₀ H_2O
Bain pour CP_2	60,5 °/₀ SO_4H_2	22,5 °/₀ NO_3H	17 °/₀ H_2O

ment employé, a presque complètement disparu parce qu'il comporte de trop longues manipulations.

Le coton sec, contenu dans un étouffoir ou sac, était rapidement immergé par fraction de 65o à 7oo grammes environ dans de grands bacs en fonte contenant de 25o à 3oo kilogrammes de mélange acide. Au bout de 6 à 8 minutes on retirait le coton dont on extrayait le bain par

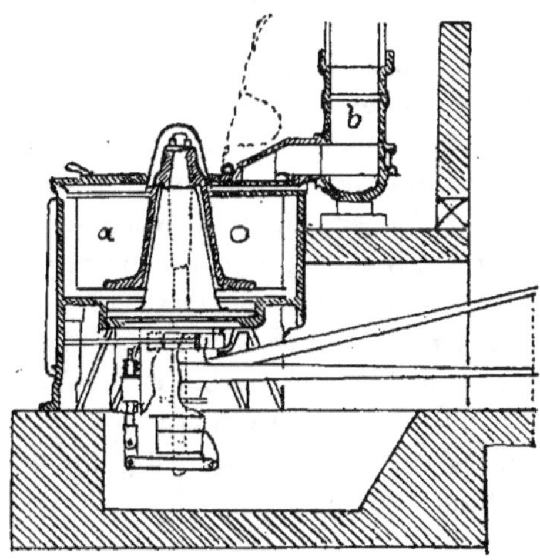

FIG. 1. — Centrifugeur à nitration Selwig et Lange.

pression sur une grille, puis on laissait la nitration s'achever dans des pots de grès maintenus à une température de 10 à 12° par un courant d'eau froide. Ce séjour dans les pots durait de douze à quatorze heures, après quoi le coton était essoré dans une turbine puis lavé abondamment à l'eau froide.

Trempage en turbine. — Ce procédé de trempage utilise la force centrifuge pour faire circuler les acides au travers du coton, assurant ainsi un meilleur contact et une nitration plus rapide.

L'appareil employé est le centrifugeur de Selwig et Lange (fig. 1) à circulation d'acides. Il se compose essentiellement d'un bac en fonte dans lequel débouchent deux tuyauteries. Une à la partie supérieure amène les acides, l'autre à la partie inférieure sert à leur évacuation. Dans ce bac peut tourner une sorte de panier en tôle perforée destiné à recevoir le coton. Le bac de la turbine peut recevoir 500 kilogrammes de mélange nitrant, le panier de 11 à 12 kilogrammes de coton.

On commence par remplir le bac de la turbine avec le mélange acide, ensuite on décharge le contenu d'un étouffoir ou d'un sac de coton sec dans le panier de la turbine. On met en marche l'appareil à raison de 40 à 50 tours à la minute pendant trente minutes. Au bout de ce temps, sans arrêter le mouvement, on ouvre le robinet qui ferme la tuyauterie d'évacuation. On le laisse ouvert pendant cinq minutes pour permettre aux acides de s'écouler, on embraye la turbine en grande vitesse de façon à chasser l'excès d'acide restant dans le coton. Ce but est atteint au bout de cinq minutes environ. On retire alors le coton de la turbine pour le confier à un transporteur hydraulique (fig. 1 *bis*) qui le conduit dans une cuve à fond perforé où il subit un premier lavage.

Toutes les opérations du trempage en turbine s'effectuent environ en une heure.

Procédé Thomson. — Toutes les opérations de trempage, tant en auge qu'en turbine, ne se font pas sans un certain danger, qui se traduit, le plus souvent, par des prises en feu et par de forts dégagements de vapeurs nitreuses. Le procédé Thomson permet d'obvier à ces inconvénients, la nitration ainsi que le déchargement de l'appareil se faisant à basse température et entièrement sous l'eau (fig. 2).

On opère sur 245 kilogrammes d'acides et 8 kilogrammes environ de coton. Quand le coton est immergé dans le bain nitrant, on fait arriver 12 millimètres d'eau de 5° à 10°, au-dessus du mélange acide. On abandonne ainsi pendant deux heures et demie. Après ce temps, on fait couler les acides à

raison de 6 kgr. 800 par minute, pendant qu'on maintient la
hauteur d'eau dans la cuve à l'aide d'un robinet réglé spé-
cialement ; chaque opération dure environ de sept à huit
heures.

Moins rapide que le procédé en turbine, ce procédé très

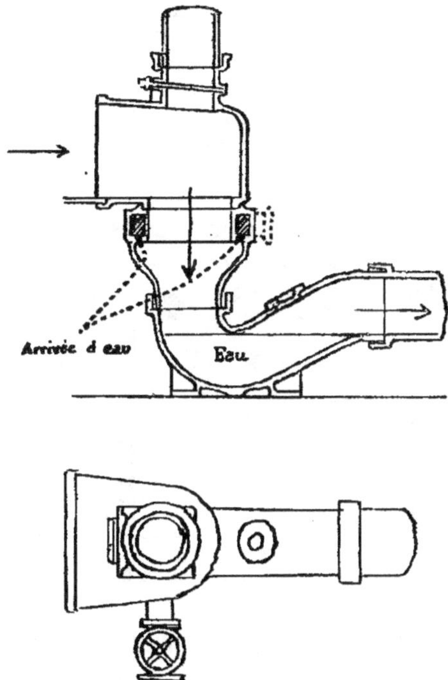

Fig. 1 *bis.* — Transporteur Selwig.

délicat est encore peu usité en France. Il est employé en
grand en Angleterre, à Waltham Abbey.

Lavage et pulpage.

Au sortir du bain de nitration, le coton-poudre est lavé
deux ou trois fois à l'eau froide. On en remplit de grandes
cuves en bois dans lesquelles on fait arriver de l'eau à 100°

que l'on maintient ainsi pendant soixante-douze heures.

Ces lavages débarrassent le coton des acides que la fibre retient et qui seraient nuisibles à sa stabilité.

Quand le coton-poudre a été suffisamment lavé il est transporté par fractions de 100 à 150 kilogrammes dans des piles à papier (fig. 3) qui le mettent en pulpe et en for-

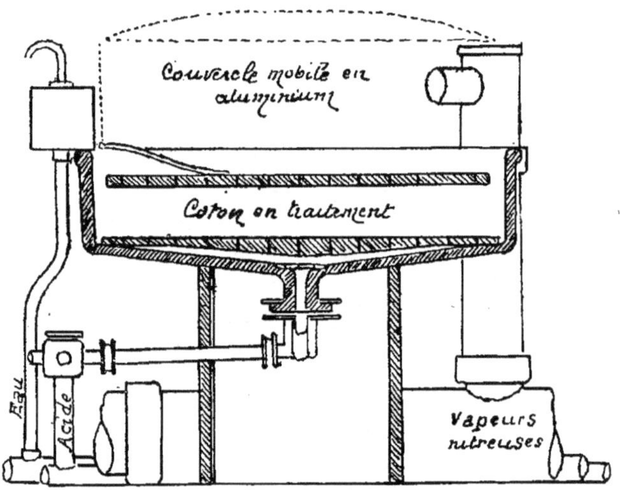

Fig. 2. — Coupe d'une cuve à nitration.

ment une sorte de pâte. Ce pulpage, préconisé par Abel comme moyen de stabilisation, a pour but de supprimer les pelotes susceptibles de devenir ultérieurement des foyers de décomposition (1).

Après ce pulpage, la pâte est envoyée dans des laveurs-mélangeurs qui, en outre d'un dernier lavage, assurent par un brassage intense de la pâte son homogénéité.

Le coton-poudre est encore passé à l'épurateur, sorte de tamis qui enlève toutes les matières étrangères que le

(1) La pile Horne peut travailler 450 kilogrammes, mais la finesse de la pâte est beaucoup moindre.

coton a pu prendre aux appareils en cours de fabrication
(sable, morceaux de bois, de métal, etc.).

En Allemagne, après le déchiquetage, le coton-poudre
est encore lavé deux ou trois fois à l'eau chaude.

Du laveur-mélangeur, la pâte presque liquide est envoyée
dans un grand bac-filtre qui laisse passer l'eau et retient

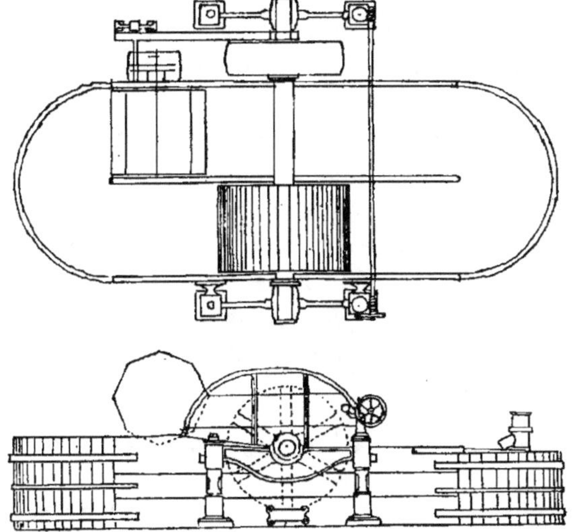

Fig. 3. — Pile à papier.

le coton-poudre. Après avoir été retiré du filtre, le coton-
poudre est passé à la centrifugeuse qui l'essore, lui laissant
environ 3o p. 100 d'humidité. Il est alors moulé en pain
et peut être tranporté sans aucun risque. C'est dans cet
état qu'il sera livré pour la fabrication des poudres sans
fumée. Nous verrons plus loin comment on l'emploie pour
le chargement des torpilles et mines sous-marines.

NITROGLYCÉRINE

La nitroglycérine est un trinitrate de glycérine. Elle est
obtenue par nitration de la glycérine au moyen d'un mé-

lange sulfonitrique analogue à celui dont on se sert pour la nitrocellulose.

Plusieurs procédés de fabrication sont en usage. Le procédé classique consiste à verser sur le mélange sulfonitrique contenu dans un bac de réfrigération une certaine quantité de glycérine. La nitroglycérine est séparée des acides résiduaires par décantation puis lavée avec de l'eau qui entraîne les acides que contient encore la nitroglycérine.

La nitroglycérine pure est sans emploi, étant donnée son excessive sensibilité au choc. Il m'est arrivé de préparer de la nitroglycérine dans un cristallisoir et de laisser échapper ce siphon qui me servait à décanter. Le choc du syphon tombant de 15 centimètres seulement a fait détoner la nitroglycérine, et le cristallisoir a été pulvérisé sans trop de dommage pour l'opérateur.

La nitroglycérine est certainement l'explosif le plus puissant que l'on connaisse. Sa décomposition donnant un excès d'oxygène.

$$2\,(C^3H^6\,(NO^3)^3) = 6\,CO^2 + 5\,H^2O + 3\,N^2 + O$$

les gaz produits sont donc complètement oxydés.

Pour utiliser la nitroglycérine il est nécessaire de la mélanger soit à des substances neutres, soit à des substances elles-mêmes explosives, qui réduisent sa sensibilité au choc.

La nitroglycérine entre également dans la composition de poudres balistiques très puissantes (balistite de Nobel, cordite anglaise, poudres allemandes).

DYNAMITE

Le maniement, le transport et la conservation de la nitroglycérine présentent de tels dangers qu'on a dû renoncer, avons-nous dit, à l'employer pure.

Nobel a reconnu qu'en imprégnant de nitroglycérine certaines substances capables par leur porosité d'en absorber d'assez grandes quantités, on obtenait un explosif résistant au choc et d'une puissance presque égale à celle du poids de nitroglycérine absorbée.

Cet explosif fut nommé du nom générique de dynamite.

Il existe de très grandes quantités d'explosifs du genre qu'on peut diviser en deux grandes classes :

Les dynamites à base inerte et les dynamites à base active, suivant que l'absorbant n'a aucune propriété explosive ou qu'il est lui-même un explosif.

Dynamite à base inerte.

Le premier absorbant qu'employa Nobel fut le *kieselguhr* qui est formé de fossiles d'infusoires. Le kieselguhr peut absorber jusqu'à trois fois son poids de nitroglycérine : qualité très précieuse pour fournir des mélanges possédant une grande puissance explosive.

Toutes les dynamites à base inerte sont la copie de la dynamite Nobel, l'absorbant seul change. On en utilise de toute sorte ; les plus employés sont : silice de Vierzon, sciure de bois, etc.

La dynamite varie d'aspect suivant l'absorbant qui sert de support à la nitroglycérine. Elle se présente tantôt sous forme pulvérulente blanche, grise ou rouge, tantôt en masse malléable et onctueuse. Elle brûle lentement quand on l'enflamme mais détone violemment quand un obstacle suffisamment résistant s'oppose à l'échappement des gaz de la combustion.

La fabrication de la dynamite se résume au mélange intime de l'absorbant et de la nitroglycérine. Quand le produit est bien homogène, on le moule en cartouche qu'on enveloppe de papier imperméable.

La dynamite détone sous l'action d'une capsule de fulminate qu'on introduit dans la masse de la cartouche sans cependant la noyer.

Dynamite à base active.

La décomposition de la nitroglycérine donnant un excès d'oxygène, on a songé à employer cet excès à assurer la combustion d'un corps explosif dont l'effet vient s'ajouter à celui de la nitroglycérine.

Dans ce groupe il convient de citer les dynamites gomme, les dynamites gélatine.

Les dynamites gomme contiennent de la nitroglycérine et de la dinitrocellulose.

Les dynamites gélatine sont des dynamites gomme auxquelles on a ajouté des sels minéraux.

Les gélignites sont des sortes de dynamites gélatine qui renferment de la farine de bois ou de la cellulose.

Les principes de fabrication des dynamites à base active ne diffèrent pas sensiblement de ceux des dynamites à base inerte.

Voici quelques formules de dynamite.

Dynamites à base inerte.

1	Nitroglycérine	50
	Silice de Vierzon	48
	Ocre rouge	0,50
	Craie de Meudon	1,50
2	Nitroglycérine	68
	Kieselguhr	32

Dynamite gomme.

Nitroglycérine	92
Nitrocellulose	8

Dynamite gélatine et gélignite.

Nitroglycérine	60
Nitrocellulose	3
Azotate de potasse	26,6
Farine de bois	10
Magnésie	0,4

NITRO-BENZÈNE — BENZITE

Le benzène ou benzine est un carbure qui s'extrait industriellement des goudrons, résidus de la fabrication du gaz d'éclairage ou des cokes métallurgiques. Certains pétroles en contiennent d'assez fortes proportions, mais leur extraction n'a jamais été réalisée industriellement parce qu'elle serait trop onéreuse.

Par l'action de l'acide nitrique on obtient des dérivés monoditrinitrés. Seul le dérivé trinitré est un explosif intéressant mais son prix de revient est énorme : c'est pourquoi il est peu employé.

Il existe plusieurs méthodes de préparation du trinitro-benzène ou benzite. On l'obtient d'abord en nitrant le dinitrobenzène par un mélange sulfonitrite concentré (acide nitrique et oléum). L'oxydation du trinitrotoluène en solution sulfurique par le bichromate de potasse donne l'acide trinitrobenzoïque, qui traité par l'eau bouillante, donne le trinitro-benzène par élimination d'acide carbonique.

Le trinitrobenzène se présente sous forme de beaux cristaux jaune pâle, fondant à 122°. Il est très peu sensible au choc et n'attaque pas les métaux.

Très peu employé, avons-nous dit, quoique plus puissant que l'acide picrique de 50 p. 100 environ, ce sera l'explosif de demain, quand on aura trouvé un procédé de fabrication moins onéreuse.

NITROTOLUÈNE (TOLITE OU TOTRYL)

Le toluène est l'homologue supérieur du benzène, il a la même origine et s'extrait en même temps que lui des goudrons de houille.

Le dérivé trinitré ou tolite est à peu près le seul qui ait

un emploi sauf le dérivé dinitré, qui entre dans la composition de la cheddite.

C'est toujours le mélange sulfonitrique qui sert à la fabrication, mais il est nécessaire qu'il soit très concentré.

Dans un bac en fonte chauffé par un serpentin, on introduit le mélange sulfonitrique (80 kgr. acide nitrique à 92 p. 100; 450 kgr. acide sulfurique à 93 p. 100; 25 kgr. oléum à 60 p. 100 d'anhydride), puis on fait couler lentement 20 kgr. de toluène. On chauffe progressivement, jusqu'à 105° puis on laisse refroidir. Le produit est lavé à l'eau puis broyé dans l'alcool ou dans le toluène. Le trinitroluène ou tolite est un explosif de puissance égale à celle de l'acide picrique, absolument insensible au choc. Pour le faire détoner, il est nécessaire d'employer une charge secondaire pulvérulente d'acide picrique.

C'est l'explosif des obus allemands de 77 et 105; comme il n'attaque pas les métaux, il est inutile d'étamer l'intérieur des obus comme on le fait avec l'acide picrique.

On l'emploie également pour fabriquer des cordeaux détonants.

Il entre dans la composition de la macarite belge, mélangé au nitrate de plomb qui apporte le complément de comburant nécessaire à la combustion complète.

NITRONAPHTALINE

La naphtaline est trop connue pour qu'il soit nécessaire d'en décrire l'aspect et la provenance.

Avec des mélanges sulfonitriques ordinaires, la naphtaline donne des dérivés monodinitrés qui ne sont pas des explosifs. Ils constituent, mélangés au nitrate d'ammoniaque, les poudres Favier qui sont des explosifs de mine très puissants.

Comme pour le trinitrobenzine et le trinitrotoluène, les

dérivés trinitrés de la naphtaline sont seuls explosifs. Ils s'obtiennent en nitrant les dérivés dinitrés. Les trinitronaphtalines sont peu sensibles au choc, mais leur fabrication donne des produits irréguliers de beaucoup inférieurs en puissance à l'acide picrique. Les trinitronaphtalines sont en outre inutilisables pour le chargement des obus, leur point de fusion étant très élevé.

ACIDE PICRIQUE (MÉLINITE, LYDDITE, SCHIMOSE) CRÉSYLITE

Le phénol, dont tout le monde connaît l'odeur caractéristique, s'extrait des goudrons de houille par distillation.

Le dérivé trinitré du phénol est l'acide picrique qui se présente sous forme de beaux cristaux jaune pâle. L'acide picrique connu depuis longtemps et employé en teinture n'était pas utilisé comme explosif.

En 1871, Sprengel reconnut que l'acide picrique était un excellent explosif, mais sans trouver de moyen pratique pour le faire détoner. De plus, on prétendait que l'acide picrique chauffé détonait alors trop violemment.

En 1885, Turpin présenta au gouvernement français sa mélinite, qui n'est autre chose que l'acide picrique. Turpin avait trouvé, en effet, que l'acide picrique, chauffé dans une bassine à double fond ou dans un bain d'huile, fondait vers 125 et 150° sans détoner. Il avait trouvé également que l'acide picrique fondu (mélinite) détonait violemment à l'aide d'un détonateur secondaire fait d'acide picrique pulvérulent.

Nous ne retracerons pas ici les déboires de cet inventeur qui, après avoir reçu 250.000 francs du gouvernement français et avoir été fait chevalier de la Légion d'honneur, fut poursuivi pour trahison, condamné à la prison, puis gracié en 1893.

Qu'on l'appelle mélinite en France, lyddite en Angleterre, schimose au Japon, picrite en Allemagne, c'est toujours le même explosif dont il s'agit : l'acide picrique.

Préparation de l'acide picrique.

L'action directe du mélange sulfonitrique sur le phénol ne peut être réalisée à cause de la vivacité de la réaction.

Pour réaliser la nitration on fait d'abord agir l'acide sulfurique sur le phénol, c'est ce qu'on appelle le sulfoner. Cette opération agit par la suite comme frein dans la réaction.

Dans une cuve en grès à refroidissement on verse sur le phénol 5 à 6 fois son poids d'acide sulfurique à 93 p. 100 de monohydrate. Dans le mélange ainsi obtenu on fait couler lentement de l'acide nitrique concentré. Le tout est agité par injection d'air comprimé.

On obtient ainsi un produit brut imprégné d'acides résiduaires qu'on élimine par des lavages à l'eau.

L'acide picrique jouit de toutes les propriétés des acides. Il se combine avec les bases pour donner des picrates qui sont des explosifs excessivement sensibles au choc, sauf cependant le picrate d'ammoniaque.

L'acide picrique est peu sensible au choc et devient tout à fait insensible après fusion. On peut faire voler en éclats à l'aide d'une capsule de fulminate, sans les faire détoner, des blocs d'acide picrique fondu.

La décomposition de la mélinite donne de très fortes quantités d'oxyde de carbone, gaz des plus toxiques. C'est cette propriété qui a donné l'occasion de constater dans la guerre actuelle que des combattants étaient morts sans qu'on retrouvât sur eux des traces de blessures.

Une autre cause de ces morts sans blessures externes peut être attribuée à la pression de choc qui est considérable, M. Dautriche ayant trouvé que la vitesse de détonation de la mélinite était d'environ 7.000 mètres à la seconde.

L'acide picrique est un explosif très puissant, mais jouissant, nous l'avons vu plus haut, de la propriété des acides forts : il attaque les métaux. Les picrates étant très sensibles au choc peuvent faire détoner l'acide non transformé agissant comme détonateur secondaire. Aussi est-on obligé d'étamer intérieurement les obus qui en sont chargés. L'étain résiste à l'action de l'acide picrique.

CRÉSYLITE

On obtient le crésol, en même temps que le phénol, par distillation des goudrons de houille. On l'en sépare par une nouvelle distillation fractionnée.

La crésylite s'obtient par sulfonation et nitration comme le phénol. Cet explosif très puissant a presque les mêmes propriétés que l'acide picrique; il fond vers 100°. Mélangé à l'acide picrique dans les proportions 60-40, la température de fusion du produit n'est plus que 85°, et à 70° il devient pâteux. Cet avantage est utilisé pour le chargement des obus par compression : procédé qui offre plus de sécurité que celui de la fusion.

Il existe beaucoup d'autres dérivés nitrés de la série aromatique, mais qui sont inutilisés et inutilisables pour cause de multiples inconvénients contre lesquels on n'a pas réussi à se prémunir.

EXPLOSIFS D'ARTIFICE

Autrefois, pour tirer un coup de canon, on remplissait la lumière avec de la poudre et à l'aide d'une mèche enflammée on y mettait le feu qui se communiquait à la charge. Cette opération ne manquait pas d'être longue et peu sûre.

Quand il s'agit de tirer à la vitesse de 20 coups à la minute, on comprend qu'un tel procédé soit inutilisable, et comment ferait-on éclater un obus à distance? On a donc cherché à communiquer le feu à la charge par d'autres moyens plus sûrs et plus rapides.

On y est arrivé à l'aide de ce qu'on convient d'appeler les explosifs d'artifice, explosifs qui sont excessivement sensibles au choc.

Dans cette catégorie rentre le fulminate de mercure et l'azoture de plomb.

Fulminate de mercure.

Le fulminate de mercure est un sel de l'acide fulminique qui est inconnu.

On obtient le fulminate de mercure en faisant réagir le nitrate mercurique dissout dans l'acide nitrique sur l'alcool à 95°.

On dissout 500 grammes de mercure dans 5 kilogrammes d'acide nitrique concentré. La dissolution est portée à 50° et on verse dans 5 litres d'alcool à 95°. Une réaction violente se produit; le fulminate de mercure précipite. On lave le précipité sous une grande masse d'eau et on sèche.

Le fulminate n'est pas un explosif puissant, mais il détone au moindre choc. Pour éviter l'attaque des capsules de cuivre qui le contiennent, on les recouvre intérieurement d'une couche de vernis, ainsi que le fulminate quand on l'a mis en place. Sans cette précaution, en présence d'humidité, le fulminate attaquerait le cuivre pour former des composés insensibles au choc; on aurait donc des ratés.

Par suite du prix élevé du mercure, on essaye en vain de le remplacer par un autre métal.

Azoture de plomb.

L'acide azothydrique donne avec le plomb, métal bon marché, un sel : l'azoture de plomb, qui jouit des mêmes propriétés que le fulminate. Il a même l'avantage de ne pas se décomposer en présence de l'humidité et de produire plus de chaleur. Aussi cet explosif tend-il à remplacer le fulminate de mercure.

EXPLOSIFS BALISTIQUES

POUDRES SANS FUMÉE

Les poudres sans fumée sont des explosifs brisants (coton-poudre, nitroglycérine) auxquels on a communiqué les qualités des explosifs balistiques en modifiant mécaniquement leur structure physico-chimique. Depuis Schoenbein on cherchait à faire du fulmicoton une poudre balistique susceptible de remplacer la poudre noire. Tous les essais qu'on fit ne donnèrent aucun résultat. C'est à M. Vieille, chimiste francais, qu'on doit d'avoir découvert le moyen de transformer le fulmicoton, explosif brisant, en explosif balistique très progressif. La poudre B est du coton-poudre gélatinisé.

Dans la fabrication de la poudre B, on emploie deux sortes de nitrocellulose : la nitrocellulose ayant de 205 à 215 centimètres cubes de bioxyde d'azote ou CP_1 (coton-poudre), insoluble dans le mélange éther-alcool (9 vol. éther, 5 vol. alcool 95°); la nitrocellulose ayant de 190 à 198 centimètres cubes de bioxyde d'azote ou CP_2, soluble dans le mélange éther-alcool.

Le CP_2 entre dans la fabrication de la poudre B dans des proportions qui varient de 20 p. 100 (poudre à fusil) à 55 p. 100 (poudre à canon épaisse).

Séchage des Cotons-Poudre.

Nous avons vu que le coton-poudre essoré contient encore 30 p. 100 d'humidité ; c'est dans cet état qu'il voyage et qu'il est livré aux poudreries proprement dites. Il faut le débarrasser de cette humidité.

On ne peut le faire par chauffage, opération qui serait nuisible à la conservation de la poudre.

On opère par déplacement à l'alcool. On se sert soit de turbine essoreuse, soit de presse.

Le CP est mis dans la turbine ou la presse ; on l'imprègne d'alcool qu'on chasse, ou par la force centrifuge, ou par compression. L'alcool entraîne l'eau et certaines impuretés nuisibles. On recommence l'opération jusqu'à ce que l'alcool se maintienne à son degré initial.

Gélatinisation.

Un mélange de CP_1 et de CP_2 en proportions convenables, suivant le type de poudre que l'on veut obtenir, est mis dans un malaxeur. On y ajoute de 130 à 160 kilogrammes de mélange éther-alcool suivant la proportion de CP soluble. Une petite partie du CP_1 étant soluble, on doit en tenir compte dans les mélanges à faire pour avoir un pourcentage absolu de soluble.

Le malaxeur est mis en marche pendant un temps qui varie de 1 heure à 1 heure et demie. Le CP_2 se dissout dans le mélange éther-alcool et le CP_1 insoluble est enrobé par la solution de CP_2. On réalise une émulsion dans une solution colloïdale,

Les malaxeurs sont des pétrins analogues à ceux qui servent à faire le pain. Depuis quelques années on emploie des malaxeurs Werner Pfleiderer (fig. 4) qui permettent de traiter une plus grande quantité de pâte et de la mieux travailler. A l'aide d'un courant d'eau froide ou de vapeur

qui circule dans les enveloppes de l'appareil, il est possible de les refroidir ou de les réchauffer suivant les
besoins.

Laminage. — Étirage.

Quand la pâte a une homogénéité suffisante, on la met
dans les cylindres de presses hydrauliques analogues à

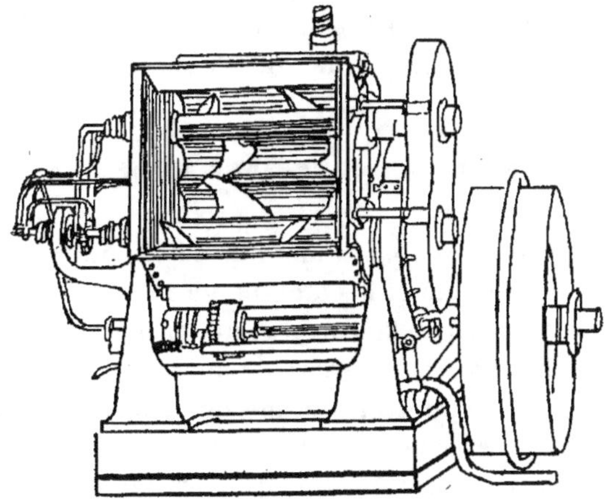

FIG. 4. — Malaxeur Werner-Pfleiderer.

celles dont on se sert dans la fabrication des pâtes ali-
mentaires.

La pression oblige la pâte à passer par les trous ména-
gés à la base des cylindres de compression.

En France, les matrices sont faites pour avoir des
rubans dont l'épaisseur varie d'un demi-millimètre à
3 millimètres, suivant la destination de la poudre. En Allemagne, on étire en tube analogue au macaroni.

Les bandes et les tubes sont ensuite coupés en longueur,
déterminée au moyen de hachoirs spéciaux (fig. 5 et 6).

Les grosses poudres américaines affectent la forme de
cylindres percés de sept canaux parallèles à l'axe.

La pâte étirée ou laminée, coupée à la longueur voulue est mise à sécher pour éliminer l'excès de solvant qui a nécessité la fabrication de la pâte.

Le séchage est une opération très délicate qu'il convient de ne pas mener trop rapidement, au risque de voir se former une croûte sèche qui emprisonnerait le solvant resté à l'intérieur. Ce séchage se fait d'ordinaire dans des chambres modérément chauffées. Tantôt les chambres sont à air libre, le solvant est alors perdu; tantôt elles sont closes, ce qui permet de récupérer le solvant.

CORDITE, POUDRE SANS FUMÉE ANGLAISE

Les principes constituants de la cordite anglaise sont : la nitroglycérine et le coton-poudre.

Pour préparer la cordite on malaxe dans des pétrins analogues à ceux qui servent pour la poudre B un mélange de 3o p. 100 de nitroglycérine de 65 p. 100 de CP préalablement desséché (1). On ajoute 20 p. 100 d'acétone et le malaxage dure trois heures et demie. Au bout de ce temps on ajoute 5 p. 100 de vaseline et la trituration est recommencée pendant trois heures et demie. La pâte est ensuite étirée au moyen de presses hydrauliques en filaments ou cordes, d'où vient le nom de cette poudre.

L'acétone est évaporé dans des chambres chauffées, les cordons secs ont alors un millimètre de diamètre pour les poudres à fusils et de 8 à 12 millimètres pour celles des canons.

(1) La formule primitive de la cordite était : nitroglycérine 58 p. 100, CP 37 p. 100, acétone 19,2 p. 100, vaseline 5 p. 100. La nitroglycérine détériore rapidement les armes, ce qui explique la réduction de la teneur en nitroglycérine des poudres anglaises. Un canon de fort calibre est hors d'usage au bout de deux cents coups tirés à charge de combat avec une poudre à la nitroglycérine.

BALISTITE — SOLÉNITE — FILITE

En 1888, Nobel fit breveter une poudre sans fumée qui fut appelée balistite. Sa composition était : 100 parties de nitroglycérine, 50 parties de CP soluble, 10 parties de camphre et 200 parties de benzine. A l'heure actuelle il n'entre plus de camphre dans la balistite et la nitroglycénie et le CP soluble y entrent à parties égales.

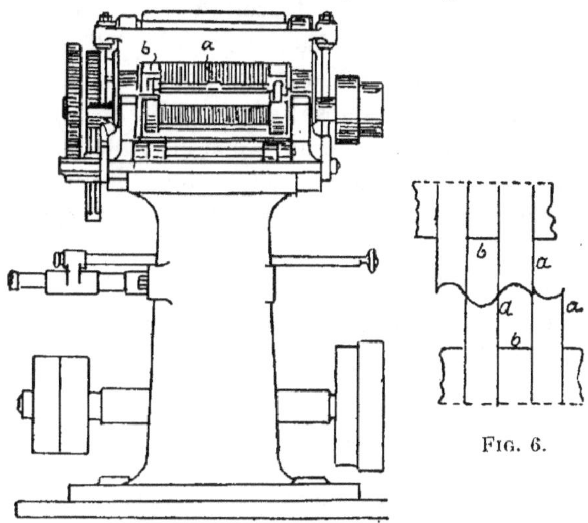

Fig. 6.

Fig. 5. — Machine à découper la poudre sans fumée :
a, couteaux ; *b*, axes de commande.

Fig. 6. — Détail des couteaux :
a, lames ; *b*, anneaux de séparation.

Pour préparer la balistite, le CP soluble finement pulvérisé est mis en suspension dans de l'eau. On ajoute la nitroglycérine et le tout est agité par barbotage d'air comprimé. Le CP se dissout dans la nitroglycérine. L'eau n'ayant servi que de véhicule est chassée au moyen d'une turbine essoreuse. La pâte est abandonnée plusieurs jours dans des chambres chaudes ; après ce temps, on l'étire en petits parallélépipèdes.

Depuis quelque temps le gouvernement italien a abandonné la forme ancienne de la balistite pour lui donner celle de fils : ce qui lui vaut son nom de filite.

L'Italie se sert également d'une poudre appelée *solénite*, constituée de 3o p. 100 de nitroglycérine, 40 p. 100 de CP insoluble et 3o p. 100 de CP soluble. Pour faciliter les mélanges, l'acétone sert de véhicule au CP insoluble.

La composition de poudre sans fumée se réduit à deux types. Les poudres à la nitrocellulose pure employées en France, en Russie, aux États-Unis et en Allemagne, pour les canons de petits calibres ; les poudres à la nitroglycérine et à la nitrocellulose, employées en Angleterre, en Allemagne, en Autriche, au Japon et en Italie.

Nous avons des rubans en France, des filaments en Angleterre, des lames et des tubes en Allemagne, des parallélépipèdes en Italie et des cylindres courts et perforés aux États-Unis.

La fabrication est à peu près la même, suivant chaque type, dans tous les pays.

STABILISANTS

Le coton-poudre est une substance dans un état d'équilibre instable qui se décompose de façon continue. Cette décomposition, très lente d'abord, s'accélère avec le temps et sous l'influence d'agents physiques et chimiques dont l'action est encore mal déterminée.

Pour obvier à ces inconvénients, on a introduit dans la fabrication des poudres des ingrédients nommés stabilisateurs, qui ont pour but d'absorber les produits de la décomposition et de neutraliser ainsi leur action accélératrice de la décomposition.

Malheureusement les stabilisants, quels qu'ils soient, n'empêchent pas la décomposition : ils retardent seulement l'échéance dangereuse.

On a essayé de nombreux stabilisants, mais pour les raisons que nous énonçons plus haut, aucun ne donne la solution du problème.

A l'heure actuelle il ne subsiste plus que la diphénylamine et l'aniline. Ces corps, tout en donnant des composés stables avec les produits de décomposition, jouent en outre le rôle de révélateur : ils donnent des colorations particulières suivant le degré de la décomposition.

Nous devons ajouter que l'échelle des teintes ne permet pas toujours, et il s'en faut de beaucoup, d'apprécier en présence de quel stade de la décomposition on se trouve.

L'avenir n'est peut-être pas loin où l'on pourra dire que la poudre B a vécu. Par quoi la remplacera-t-on, il est peut-être prématuré de le dire, mais ce sera certainement par un dérivé de la série aromatique dont on aura dompté la brisance.

POUDRES SANS LUEUR

La très haute température de combustion des poudres sans fumée rend les gaz incandescents et la flamme produite est très lumineuse. En outre, la combustion de la charge n'est jamais complète au moment où le projectile quitte l'âme de l'arme, et une certaine portion continue à brûler à l'extérieur.

Cela ne manque pas d'avoir de graves inconvénients quand il s'agit de dissimuler ses positions à l'adversaire : aussi a-t-on cherché à faire disparaître cette luminosité.

On a pensé à refroidir la flamme par l'adjonction de bicarbonate de soude qui dégagerait, lors de la déflagration, son eau de cristallisation et de l'acide carbonique.

Les résultats obtenus ne semblent pas militer en faveur de l'adoption du procédé. Les poudres actuelles, si elles sont sans fumée, ne sont pas encore sans lueur.

EMPLOIS DES EXPLOSIFS
EXPLOSIFS BALISTIQUES
GARGOUSSES ET DOUILLES

La charge des canons de gros calibre, non à tir rapide, est contenue dans des gargousses ; celle des canons à tir rapide, dans des douilles.

La gargousse est un sac en serge forte, de forme cylindrique, de dimension égale à la chambre du canon pour lequel elle est destinée.

La charge de poudre étant introduite dans ce sac, on le ferme par en haut au moyen d'une ligature en cordonnet de laine.

Les gargousses portent, cousu en saillie sur le culot, un sachet d'allumage rempli de poudre noire qui s'enflamme facilement et communique le feu à la poudre sans fumée de la gargousse.

Les gargousses portent imprimées toutes les indications nécessaires pour leur identification.

Une première inscription donne l'année de confection de l'enveloppe, le nom du port ou de l'arsenal où elle a été fabriquée, l'indication de la bouche à feu et le genre de tir.

Au moment du remplissage, on ajoute une autre inscription qui indique la date de cette opération, l'espèce de poudre employée et le poids de la charge.

La charge des très gros calibres se compose de deux ou trois gargousses de même poids, séparées par un appoint d'allumage.

Les douilles sont en laiton et leur forme est telle, qu'elle épouse parfaitement la chambre du canon auquel elles sont destinées. La charge contenue dans les douilles est constituée de fagots de poudre placés les uns sur les autres. Immédiatement au-dessus de l'amorce on prend

soin de mettre un appoint d'allumage fait de poudre noire.
La douille est fermée par des rond elles de feutre. Elle
emboîte le culot de l'obus jusqu'à la ceinture de cuivre
qu'il porte.

CARTOUCHES DE FUSIL

Tout le monde sait de quoi se compose une cartouche.
La douille en laiton reçoit la charge de poudre. Elle porte
à sa base une amorce au fulminate de mercure qui déto ne
sous le choc du percuteur, enflammant la charge.

La balle est sertie dans la douille. Une petite rondelle
de carton sépare la poudre de la balle.

EXPLOSIFS BRISANTS

Les explosifs brisants servent au chargement des obus,
des pétards destructifs, des torpilles, des mines sous-
marines et des mines du génie.

Il n'entre pas dans le cadre de notre étude de parler des
usages industriels de ces explosifs.

OBUS

On distingue quatre types différents d'obus :

1° Les obus de rupture (fig. 7), qui sont en acier trempé.
Ils servent à rompre les obstacles tels que coupoles, plaques de blindage.

Ils éclatent en traversant l'obstacle ou après l'avoir
complètement traversé.

Leur charge d'explosif est ordinairement constituée de
poudre noire fine qui éclate par suite de l'échauffement
produit par le choc.

L'ogive des obus de rupture est recouverte d'une coiffe

en acier moins dur que celui de l'obus lui-même. La coiffe reçoit le premier choc se fend ou se brise en traversant la croûte durcie des coupoles ou plaques de blindage, et l'obus dont la pointe est intacte traverse le reste.

2° Les obus de semi-rupture ne diffèrent des obus de rupture que par la capacité de leur chambre à explosif qui est

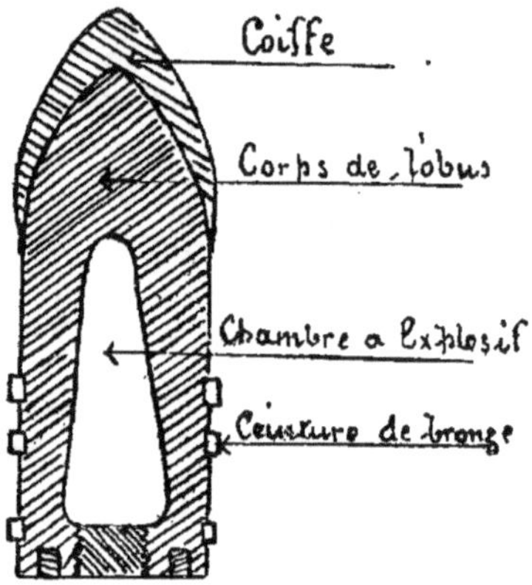

FIG. 7. — Coupe d'un obus de rupture.

plus grande, ce qui diminue leur faculté de résistance au choc.

3° Les obus à explosion. Ces obus sont en fonte ou en acier. La capacité de leur chambre à explosif est beaucoup plus grande que celle des types précédents. L'ogive est percée d'une lumière qui communique avec la chambre à explosif et dans laquelle est vissé l'artifice d'allumage.

Ces obus sont tirés contre des cuirassés légers ou contre les ouvrages en béton. Ils éclatent en gros morceaux après avoir traversé l'obstacle ou en le traversant. Dans ce dernier cas ils entraînent de gros fragments produisant des effets destructeurs considérables.

Leur charge est constituée d'un explosif brisant très puissant : mélinite, tolite, crésylite, etc.

L'onde produite par l'explosion d'un obus à mélinite de

gros calibre éclatant à moins d'un mètre d'une plaque de blindage ou d'une coupole, la défonce.

En Allemagne les obus explosifs sont chargés de trinitrotoluène, ce qui, étant donné le peu de sensibilité de cet explosif, nécessite une amorce secondaire d'acide picrique.

En France on emploie la mélinite et la crésylite fondues ; en Angleterre la lyddite.

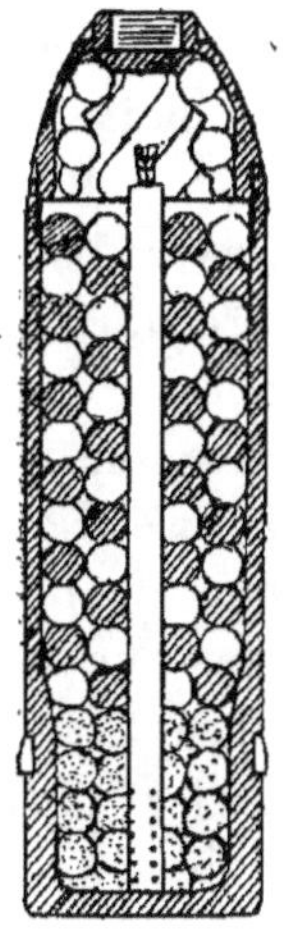

FIG. 8. — Shrapnell français à charge mélangée.

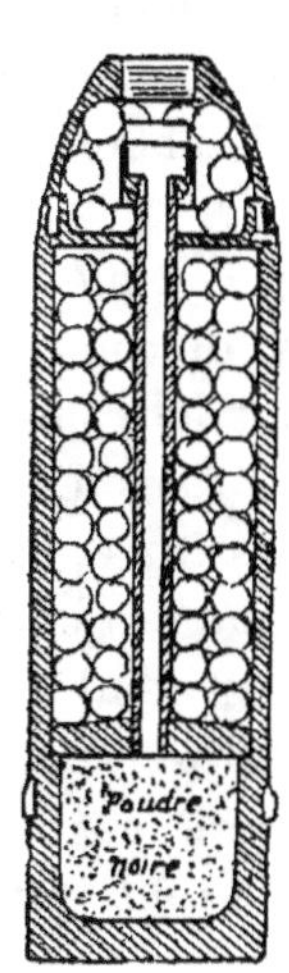

FIG. 9. — Shrapnell français à charge arrière.

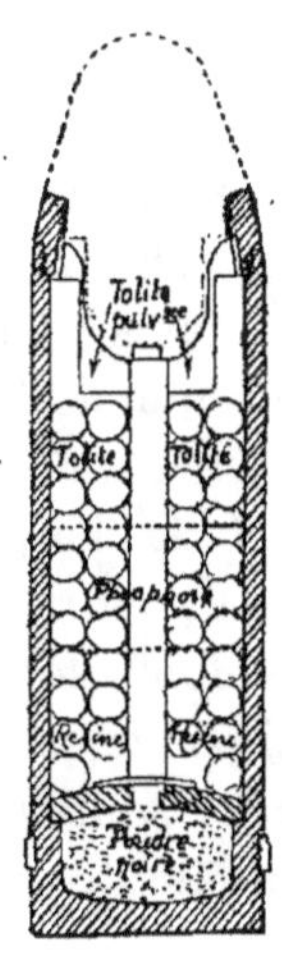

FIG. 10. — Obus universel allemand.

4° Les obus à balles ou schrapnells (fig. 8, 9, 10), du nom de leur inventeur. Ils sont de deux sortes : à charge mélangée ou à charge arrière. Ils sont constitués par des cylindres d'acier relativement peu épais qui contiennent des balles en plomb durci (300 pour l'obus de 75 français et le 77 allemand).

Les obus à charge arrière sont divisés en deux parties par une cloison en acier trempé qui forme piston. La chambre arrière reçoit de la poudre noire fine ; celle au-dessus contient les balles. Au centre passe un tube de chargement qui fait communiquer la fusée à la charge de poudre. Le vide entre les balles est rempli de résine.

Quand la fusée fonctionne, le feu est communiqué à la charge de poudre par le tube central. L'explosion de la poudre chasse le piston qui projette les balles de façon à arroser pour ainsi dire le terrain au-dessous du point de chute. Les balles ont une force suffisante pour percer des tôles légères à plusieurs mètres du point d'éclatement.

Dans les schrapnells à charge mélangée, le piston est absent et l'espace de la chambre à poudre noire est rempli de balles.

La charge explosive comble le vide entre les balles.

L'obus allemand est dit « universel » parce qu'il tient du schrapnell et de l'obus à explosion. Il joue les deux rôles suivant qu'on règle la fusée en tir fusant ou en tir percutant. Sa charge est constituée, dans la chambre arrière, par de la poudre noire et, dans la chambre avant, par des balles en plomb dont le vide est comblé mi-partie par de la résine, mi-partie par de la tolite. Dans le tir fusant, la charge arrière allumée la première, chasse les balles ; dans le tir percutant, la charge de tolite fait éclater l'obus.

TORPILLES AUTOMOBILES

Les torpilles automobiles ne sont que des obus sous-marins autopropulseurs. Ces engins sont disposés pour voyager au-dessous du niveau de la mer, et pour parcourir ainsi plusieurs centaines de mètres à une très grande vitesse.

Elles ressemblent à de gros fuseaux. Elles sont formées d'un cylindre prolongé par deux cônes. Le cône avant porte la charge d'explosif (fig. 11), le reste de l'engin contient le mécanisme de réglage et de propulsion.

La charge d'explosif est composée de gâteau de coton-poudre comprimé et humide remplissant parfaitement le cône de charge. Au milieu des gâteaux est ménagé un trou circulaire qui reçoit la charge-amorce faite de coton-poudre sec.

Quand la pointe de la torpille touche le but, un percuteur vient frapper un détonateur au fulminate qui enflamme le coton sec, et ce dernier le coton humide.

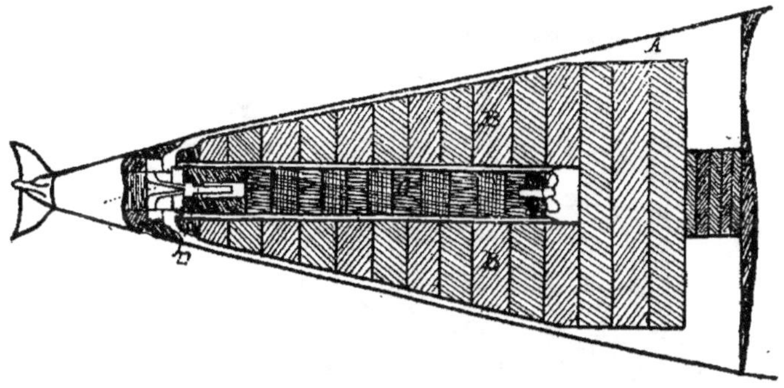

FIG. 11. — Cône de charge d'une torpille.

A, Enveloppe. — B, Charge de coton poudre humide. — C, Charge amorce de coton poudre sec. — D, Détonateur.

La propulsion de la torpille dans l'eau est assurée par un moteur à air comprimé. La mise à l'eau se fait au moyen de tubes dits « lance-torpille », soit à la poudre pour les torpilles lancées du pont du bateau, au-dessus du niveau de la mer, soit à l'air comprimé pour celles qui partent des tubes sous-marins.

MINES SOUS-MARINES

Les mines sous-marines (fig. 12) servent à protéger les côtes ou à interdire l'entrée d'un port aux navires ennemis. Elles sont de deux sortes : « dormantes » ou « fixes », « dérivantes » ou « mobiles ».

Les mines dormantes sont fixées à un endroit défini de la route que suivra le navire qui voudra forcer une passe par exemple. Elles feront explosion, soit au moyen d'un détonateur électrique commandé de la terre, soit par le seul choc avec le navire.

Les mines dérivantes, souvent presque aussi dangereuses pour les navires amis qu'ennemis, sont celles qu'on

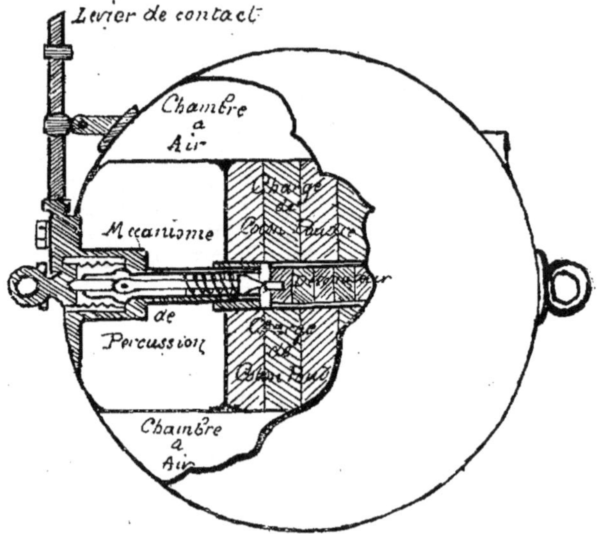

Fig. 12. — Mine sous-marine.

abandonne au gré des flots, sur les routes de la mer. Elles se déplacent avec les courants et il est impossible d'en déterminer l'action. Elles fonctionnent par le heurt du bateau.

Les mines sous-marines sont chargées comme les torpilles avec du coton-poudre humide comprimé en prismes ou en gâteaux suivant les systèmes. Un détonateur au fulminate communique le feu au coton-poudre sec, qui à son tour fait exploser la charge humide.

MINES DU GÉNIE MILITAIRE

PÉTARDS DESTRUCTIFS

La guerre oblige souvent à la destruction de certains ouvrages tels que tunnels, voies ferrées, ponts, viaducs, etc., dont l'ennemi pourrait se servir. Dans la guerre actuelle, l'attaque de front des ouvrages défensifs de l'ennemi est souvent impossible parce que trop meurtrière pour l'assaillant.

Ce qu'on ne peut faire sur terre on le fait en dessous à l'abri des balles et des obus, en bouleversant le terrain où sont construits les ouvrages, les tranchées, les couloirs de l'adversaire et où peuvent être disposées ses sapes.

Les mines du génie militaire permettent de réaliser ces divers buts.

Elles sont constituées par des boîtes métalliques de diverses formes contenant de 10 à 50 kilogrammes d'un explosif très brisant (mélinite, dynamite, cheddite, etc.). C'est ce qu'on appelle des « fourneaux de mines ».

Le fourneau disposé à l'endroit convenable est allumé au moyen d'un cordeau détonant, ou bien à l'aide d'un détonateur électrique.

Pour la destruction d'ouvrages peu importants on emploie les *pétards destructifs*.

Ces engins ne nécessitent pas de travaux souterrains préalables. Les pétards sont seulement posés contre l'ouvrage à détruire.

L'explosif dont sont chargés les pétards doit être très brisant. On a employé le coton-poudre, maintenant on emploie la mélinite.

Les pétards sont faits d'une boîte en laiton étamée intérieurement chargée de 100 à 150 grammes de mélinite. Le couvercle de la boîte soudé à l'étain porte une sorte de douille qui reçoit le détonateur au fulminate.

ARTIFICES

La mise à feu de la charge de propulsion des projectiles se fait au moyen d'étoupilles à percussion formées d'un corps cylindrique en laiton renfermant une certaine quantité de poudre noire, et d'une capsule de fulminate fixée à

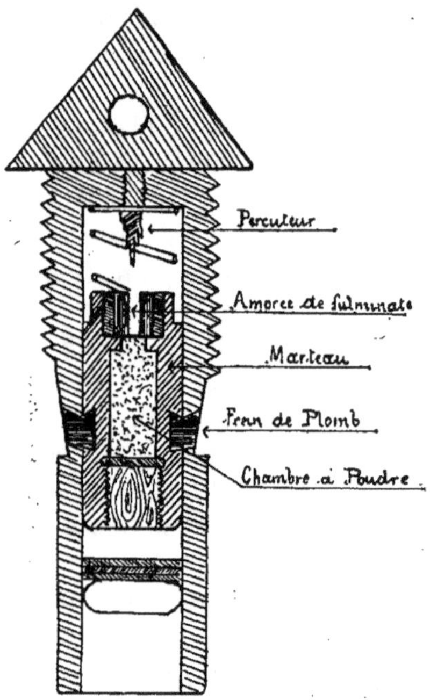

Fig. 13. — Coupe d'une fusée à simple effet.

la base du corps de l'étoupille. Le percuteur frappant la capsule fait détoner le fulminate qui allume la charge de poudre de l'étoupille.

Les artifices qui servent à allumer la charge d'éclatement des obus sont appelés fusées.

L es fusées sont à simple ou à double effet. Les fusées à simple effet (fig. 13) sont celles qui fonctionnent quand

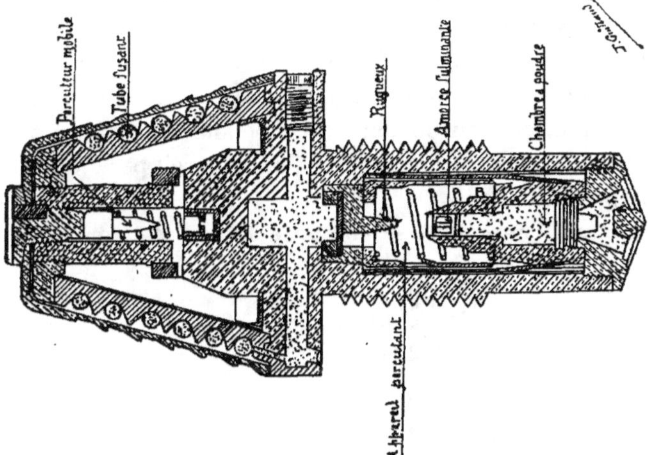

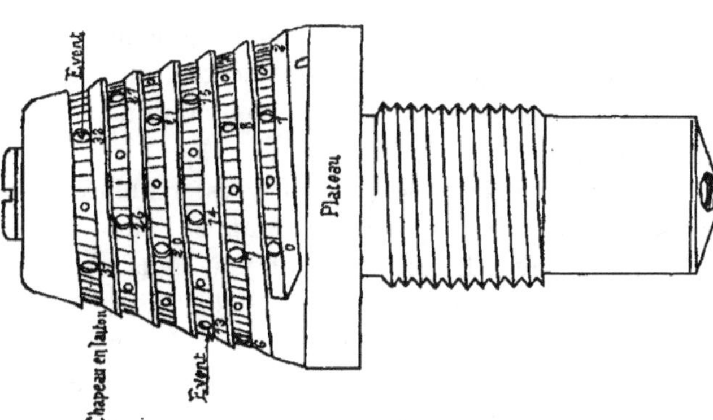

Fig. 14. — Fusée à double effet pour obus à mitraille et obus à balles.

l'obus vient heurter un obstacle résistant. Le choc fait agir un percuteur qui vient frapper une amorce de fulminate, laquelle met le feu à la charge d'éclatement.

Les fusées à double effet (fig. 14) sont faites pour fonctionner au choc contre un obstacle, ou en l'air, à une distance voulue parcourue par l'obus pendant un temps que l'on connaît. Elles se composent d'un appareil percutant et d'un appareil fusant.

L'appareil percutant se compose d'une forte amorce et

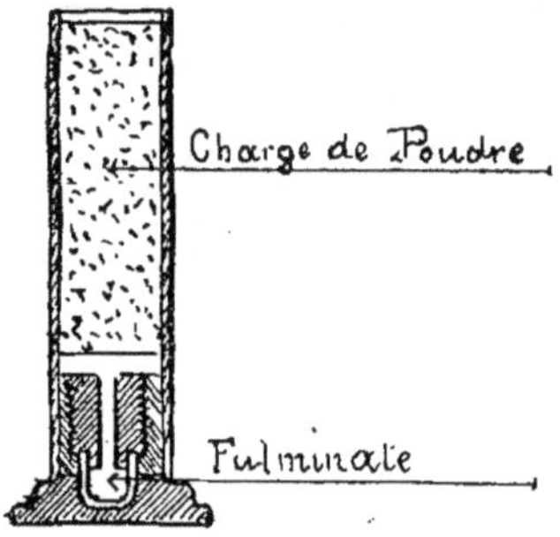

FIG. 15.

d'un rugueux ou percuteur. Quand l'obus touche un but résistant, l'amorce, maintenue en place par un ressort, vient frapper le percuteur et détone, communiquant ainsi le feu à la charge.

Dans l'appareil fusant, le percuteur est mobile et au moment du départ de l'obus il vient frapper l'amorce qui communique le feu à la poudre contenue dans un tube fusant enroulé autour du barillet de la fusée (fig. 14).

L'appareil se règle de telle sorte que le tube fusant ne communique le feu à la charge qu'au bout d'un temps déterminé. Ce réglage se fait au moyen de trous ou évents correspondant à des longueurs définies du tube fusant brûlées en un temps déterminé.

Voici ce qui se passe dans la pratique. La distance de la

pièce au point d'éclatement étant évaluée, au moyen d'un appareil spécial appelé débouchoir on ouvre l'évent correspondant à cette distance. Au départ du coup, par suite de la force d'inertie, le percuteur mobile vient frapper l'amorce de fulminate qui allume une rondelle de poudre comprimée. La flamme envahit le vide intérieur du barillet et enflamme par le trou percé la composition du « tube fusant » qui continue à brûler pendant le temps marqué par l'évent. Au bout de ce temps l'obus a parcouru l'espace qui le sépare de son point d'éclatement. A cet instant le feu du tube fusant se communique à la charge de poudre de l'appareil percutant qui, instantanément, fait exploser la charge d'éclatement de l'obus.

CONCLUSION

Il est permis de dire que les nations belligérantes sont en possession d'explosifs de valeur sensiblement égale et que la victoire, comme le disait M. Ch. Humbert, sera à celle qui écrasera l'autre sous le poids le plus lourd de projectiles et d'explosifs.

Quant à la nouvelle lancée périodiquement par la presse de la découverte d'un explosif nouveau d'une puissance fabuleuse, capable d'anéantir des régiments entiers du même coup, c'est une pure fantaisie.

Au début de la guerre, particulièrement, au temps où l'on prévoyait Berlin enlevé par des Cosaques en cavalcade, où l'on supposait les uhlans affamés, chaussés de bottes à semelles de carton, le bruit courait que notre artillerie s'était trouvée dotée, par un inventeur au nom fameux, d'un explosif terrifiant capable d'écrouler des armées. Et nous en sommes à attendre encore ce tonnerre.....

On n'improvise pas un explosif; sa découverte, sa connaissance en vue de son utilisation ne sont réalisées qu'au prix de très longs et patients travaux.

Quant on connaît l'explosif dans le laboratoire, il faut ensuite songer à sa production industrielle : ce qui est souvent la plus grosse difficulté du problème.

Cette guerre se terminera sans qu'aucun explosif nouveau vienne assurer à l'un quelconque des belligérants une supériorité marquée dans ce domaine.

TABLE DES MATIÈRES

4115. — TOURS, IMPRIMERIE E. ARRAULT ET Cⁱᵉ.